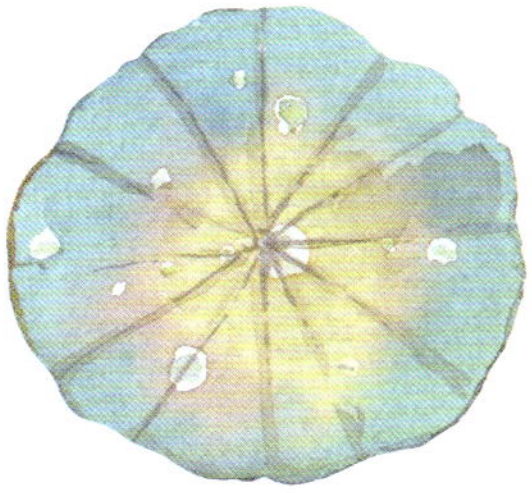

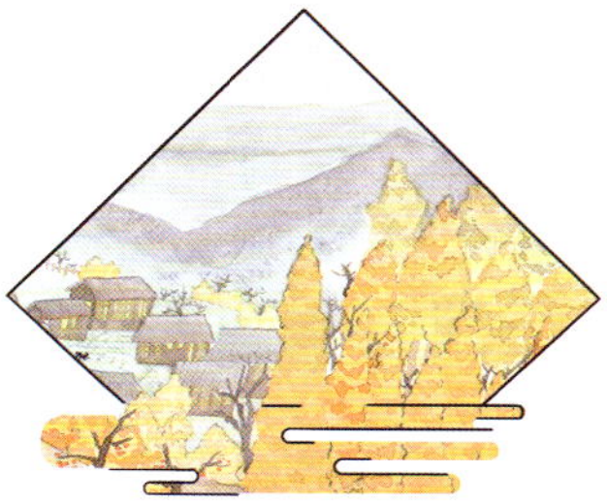

目录

图书在版编目（CIP）数据

我们的二十四节气 / 老渔著 . — 北京 : 北京理工大学出版社 , 2018.5（2019.6 重印）

ISBN 978-7-5682-5106-8

Ⅰ . ①我… Ⅱ . ①老… Ⅲ . ①二十四节气—少儿读物 Ⅳ . ① P462-49

中国版本图书馆 CIP 数据核字 (2017) 第 324684 号

出版发行 / 北京理工大学出版社有限责任公司

社　　址 / 北京市海淀区中关村南大街 5 号

邮　　编 / 100081

电　　话 /（010）68914775（总编室）

（010）82562903（教材售后服务热线）

（010）68944515（其他图书服务热线）

网　　址 / http://www.bitpress.com.cn

经　　销 / 全国各地新华书店

印　　刷 / 北京市雅迪彩色印刷有限公司

开　　本 / 889 毫米 ×1194 毫米　1/16

印　　张 / 9.5

字　　数 / 220 千字

版　　次 / 2018 年 5 月第 1 版　2019 年 6 月第 3 次印刷

定　　价 / 88.00 元

责任编辑 / 马永祥

策划编辑 / 张艳茹

责任校对 / 周瑞红

责任印制 / 王美丽

图书出现印装质量问题，请拨打售后服务热线，本社负责调换

我们的二十四节气

老渔◎著

北京理工大学出版社
BEIJING INSTITUTE OF TECHNOLOGY PRESS

立春

东风解冻　蛰虫始振　鱼陟负冰

【关于立春】

中国的民间习惯把立春作为春季的开始，立春不仅是春天的第1个节气，也是全年24个节气中的第1个节气。每年的2月4日前后是立春，此时太阳运行到黄经315度。

爷爷说，这是一个反映季节变换的节令。“立”是指开始，从这一天开始，人们即将告别寒冷的冬天，进入温暖的春季。

在农事上，立春时节气温慢慢升高，日照和降雨日益增多，“宁舍一锭金，不舍一年春”，春耕大忙将陆续开始了。

立春

三候

【关于三候】

古人将立春分为三候，一候为5天。

立春三候：“一候东风解冻；二候蛰虫始振；三候鱼陟负冰。”

| 一候 · 东风解冻 |

大地开始慢慢化冻。民间谚语“春风裂树皮”，就是说强烈的春风将树皮都刮裂了，可见春风的威力。春天里，人们在防风沙方面需要做很多工作。

| 二候 · 蛰虫始振 |

蛰伏越冬的昆虫，到了立春二候的时候，开始感觉到了地面温度上升的变化，虫子的身体由僵硬开始向柔软过渡，伴随着温度的升高，躲在地下的虫子开始苏醒了。

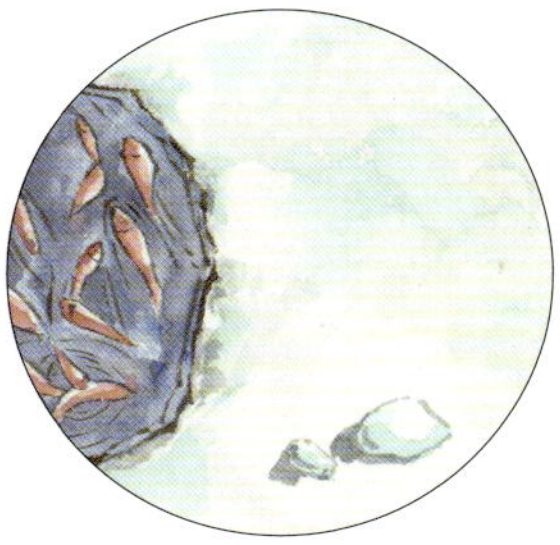

| 三候 · 鱼陟负冰 |

明媚的春光照到了水下的鱼儿，它们享受到了阳光的温暖，迫不及待地想要冲破薄冰来呼吸新鲜的空气。人们看到了群鱼在冰下游动的现象，将此作为判断春天来临的标志。

【过年】

过年是中国最重要、最隆重的传统节日，农历正月初一是新的一年的开始。每年立春前后就要过年了。

据奶奶说，从前有一个叫“夕”的怪兽，每年的腊月三十晚上都会来人间祸害百姓，后来有一个叫“年”的小孩战胜了“夕”，所以人们把腊月三十晚上叫做“除夕”，把正月初一叫做“年”。

在今天，年三十是一家团圆的日子，家家户户都贴春联、挂灯笼、放鞭炮，做丰盛的年夜饭。大年初一，小朋友们穿上新衣服，跟着大人走亲访友，互相祝福新的一年。

【逛庙会】

新年期间除了拜年，还有很多特色活动可以参加，逛庙会就是其中之一。

听奶奶说，庙会是古时候在寺庙周围举行的祭神活动，而随着时间的推移，逛庙会逐渐发展成为具有中国传统特色的娱乐活动。

我最喜欢跟着爷爷奶奶逛庙会，除了各种美味小吃，还有舞龙、踩高跷、唱大戏等好玩的节目可以看，来自天南海北的民间艺人汇聚一堂，很是热闹，运气好的话，还能碰见功夫表演呢。

惠崇春江晚景

【宋】苏轼

竹外桃花三两枝，
春江水暖鸭先知。
蒌蒿满地芦芽短，
正是河豚欲上时。

咏柳

【唐】贺知章

碧玉妆成一树高，
万条垂下绿丝绦。
不知细叶谁裁出，
二月春风似剪刀。

立春 诗词

雨水

獭祭鱼　候雁北　草木萌动

【关于雨水】

雨水是24个节气中的第2个节气，表示降水的开始，雨量将逐渐增多。每年的2月19日前后是雨水，此时太阳运行到黄经330度。

爷爷说，雨水和谷雨、小雪、大雪一样，都是反映降水现象的节气。它有两层意思，一是天气回暖、降水量逐渐增多了，二是在降水形式上，雪渐少了，雨渐多了。

在农事上，雨水时节是最佳的春灌时期，冬小麦一旦缺水，就会导致减产。爷爷告诉我，想丰收，家家户户都要现在行动了，因为“春水同样贵如油”！

雨水三候

【关于三候】

古人将雨水分为三候，一候为5天。

雨水三候：“一候獭祭鱼；二候候雁北；三候草木萌动。”

| 一候 · 獭祭鱼 |

水獭是一种皮毛极好的肉食小动物，很会在水中捕食鱼类。到了雨水节气，鱼儿个个肥壮，水獭把捕捉到的鱼放在岸上，好像陈列祭品一样，非常有趣。

| 二候 · 候雁北 |

大雁是一种迁徙动物，冬天在南方过冬，夏季在北方生活，雨水时节，北方的天气开始暖了，这时可见蓝天上大雁成群结队向北飞去。

| 三候 · 草木萌动 |

到了雨水的后几天，气温上升到了零上，天上降下了雨水，一些早春植物可以开始生长了。走在乡间的小路上，可以看到一幅万物复苏、生机勃勃的景象了。

【元宵节】

雨水节气的到来，也就意味着一年一度的元宵节就要到了。

奶奶告诉我，元宵节又叫“上元节”、“春灯节”，早在2000多年前的西汉时期就有了。正月是农历的元月，古人称夜为“宵”，所以把一年中第一个月圆之夜正月十五称为元宵节。

元宵节这天，丰富多彩的民俗节目常常令人目不暇接，比如吃元宵、赏花灯、扭秧歌、舞龙狮，都特别受小朋友的欢迎。美丽的夜色下，我一边听爷爷介绍各式花灯，一边猜着灯谜，有趣极了。

春夜喜雨

【唐】杜甫

好雨知时节，
当春乃发生。
随风潜入夜，
润物细无声。
野径云俱黑，
江船火独明。
晓看红湿处，
花重锦官城。

赋得古原草送别

【唐】白居易

离离原上草，
一岁一枯荣。
野火烧不尽，
春风吹又生。
远芳侵古道，
晴翠接荒城。
又送王孙去，
萋萋满别情。

雨水

诗词

惊蛰

桃始华　仓庚鸣　鹰化为鸠

【关于惊蛰】

惊蛰是24个节气中的第3个节气，标志着仲春时节的开始。每年的3月6日前后是惊蛰，此时太阳运行到黄经345度。

爷爷说，惊蛰是一个表述物候的节令，“蛰”是藏的意思，动物转进土里冬眠，惊蛰时有了雷声，冬眠的虫子受到惊吓从土里面开始钻出来。

农事上讲，“过了惊蛰节，春耕不能歇”，惊蛰后气候逐渐变暖，万物开始复苏，也是果园管理中非常重要的一个时期，此时要为水果的丰收做好准备了。

【关于三候】

古人将惊蛰分为三候，一候为 5 天。

惊蛰三候："一候桃始华；二候仓庚鸣；三候鹰化为鸠。"

| 一候 · 桃始华 |

到此节令时，只要有桃树的地方，都有桃花开始绽放，粉红、大红和白色的桃花吐露芬芳、竞相争艳，成为春天里的一道美丽风景。

| 二候 · 仓庚鸣 |

仓庚就是黄鹂鸟。春天来了，树叶绿了，温度适合鸟的活动了，此时黄鹂鸟在鲜花丛中、绿树枝头跳来跳去，展开歌喉尽情地鸣叫，给自然界添了几分乐趣。

| 三候 · 鹰化为鸠 |

鹰指猛禽苍鹰，鸠指斑鸠鸟，由于地上已有了植被，兔子、田鼠等动物就有了躲藏之处，这时节天上的鹰已难捕捉食物，所以渐渐少了，斑鸠鸟在林间、地头开始觅食鸣叫了。

【龙抬头】

惊蛰前后有一个重要的节日，就是农历二月二的“龙抬头”。

听奶奶说，神话中的大龙沉睡了一整个冬天，在惊蛰这一天终于醒来，抬头升天。人们普遍认为龙是祥瑞喜庆的化身，而二月二是龙开始活动的日子，所以称为“二月二，龙抬头”。

今天，大人小孩常常选择在“龙抬头”这一天理发来纪念这个日子，也希望这一年能够诸事顺利，交到好运气。

悯农

【唐】李绅

锄禾日当午，
汗滴禾下土。
谁知盘中餐，
粒粒皆辛苦。

早春呈水部张十八员外

【唐】韩愈

天街小雨润如酥，
草色遥看近却无。
最是一年春好处，
绝胜烟柳满皇都。

春分

玄鸟至　雷乃发声　始电

【关于春分】

春分是24个节气中的第4个节气，这一天太阳直射赤道，南北半球昼夜时间相等。每年的3月21日前后是春分，此时太阳运行到黄经0度。

爷爷说，春分有两层意思，一是指一天的时间白天、黑夜平分，各为12个小时；二是指平分春天，这一天是春季的一半，所以叫春分。

在农事上，春分时节天气温暖，十分适合庄稼的生长，是春种作物播种的大忙时节。

【关于三候】

古人将春分分为三候，一候为 5 天。

春分三候：“一候玄鸟至；二候雷乃发声；三候始电。”

| 一候・玄鸟至 |

玄鸟就是燕子，属于季节性候鸟。春分时节，在南方越冬的燕子又飞回到北方，在房前、屋后、树丛、田间翻飞。燕子在田间鸣叫，给春天带来了不少的乐趣。

| 二候・雷乃发声 |

随着天气转暖，春雨多了起来，空气潮湿，沉闷的春雷轰轰作响。但往往只听见雷声，看不见闪电。

| 三候・始电 |

春分时节空气潮湿，雨量渐多，伴随着春雷，闪电也开始出现了。这时，人们经常可以看见从云层劈下的闪电，紧接着就传来了滚滚雷鸣。

【放风筝】

春分时节，我国大部分地区开始进入明媚的春天，草长莺飞，杨柳青青，最适合放风筝了。

奶奶说，风筝又叫纸鸢，是古代劳动人民发明的通信工具，也是人类最早的“飞行器”。晚唐时期，人们在纸鸢上加竹笛，它飞上天后被风一吹发出“呜呜”的声响，好像筝的弹奏声，于是人们又把它改称为“风筝”。

进入春分，放风筝的孩子多了起来，天空中放眼望去，五颜六色的风筝迎风飞舞，很是好看。

【竖蛋】

春分这一天我国各地流行竖蛋，这一古老的习俗甚至传到了国外，成了一项“世界游戏”。

听奶奶讲，春分竖蛋的风俗起源于4000多年前，最初是为了庆贺春天的来临。在古老的传说中，“春分到，蛋儿俏”，春分这天最容易把鸡蛋立起来。

现在，很多人喜欢在春分玩竖蛋游戏，选一个匀称的鸡蛋，让它在桌子上立起来，虽然难度不小，也有不少人挑战成功呢。

泊船瓜洲

【宋】王安石

京口瓜洲一水间，
钟山只隔数重山。
春风又绿江南岸，
明月何时照我还。

春日

【宋】朱熹

胜日寻芳泗水滨，
无边光景一时新。
等闲识得东风面，
万紫千红总是春。

清明

桐始华　田鼠化为鴽　虹始见

【关于清明】

清明是 24 个节气中的第 5 个节气，它同时也是我国非常重要的节日。每年的 4 月 5 日前后是清明，此时太阳运行到黄经 15 度。

爷爷说，清明是一个表征物候的节气，百鸟啼鸣，雨润万物，是户外踏青的好时节。

农事上讲，“清明喂个饱（上肥），瘦苗能长好”，清明对于农业生产是非常重要的节气。天气清澈明朗，草木萌动，农家开始进入植树造林春耕大忙的时候了。

【关于三候】

古人将清明分为三候，一候为5天。

清明三候：“一候桐始华；二候田鼠化为鴽；三候虹始见。”

一候·桐始华

桐树开出了白中带粉、粉中带紫的花。一排排桐树，一团团花朵，微风中飘来阵阵幽香，使人们感受到“春天美”的气息。

二候·田鼠化为鴽

鴽，古书上指鹌鹑类的小鸟，样子像鸽子，但比鸽子小。清明时节，地里的田鼠为了躲避刺眼的阳光而躲到阴暗的洞穴里，而喜爱灿烂阳光的鴽却从洞里钻出来享受这大好的春光。

三候·虹始见

清明节过后，雨量有所增加，空气潮湿度高，有的局部地区下雨，遇到明亮的阳光照耀，空气中便映射出了七色彩虹，让大地又增添了美丽的风景。

【清明节】

清明节的前一两天为寒食节，要“吃冷食”、“禁烟火”。

奶奶说，寒食节是为了纪念春秋时期晋国的介子推。介子推与晋文公重耳流亡期间，介子推曾把腿上的肉割了给重耳充饥。文公复国后，介子推不求功名，与老母归隐绵山。文公焚山找他，但他宁可与母亲抱树而死。文公非常痛惜，厚葬了这对母子，还下令当天全国禁火寒食。

经过 2000 多年的演变，每年的这一天成了现在的清明节。“清明时节雨纷纷”，人们在这一天给过世的亲人扫墓，以寄托哀思。

清明

【唐】杜牧

清明时节雨纷纷，
路上行人欲断魂。
借问酒家何处有？
牧童遥指杏花村。

游园不值

【宋】叶绍翁

应怜屐齿印苍苔，
小扣柴扉久不开。
春色满园关不住，
一枝红杏出墙来。

酒

谷雨

萍始生　鸣鸠拂其羽　戴降于桑

【关于谷雨】

谷雨是24个节气中的第6个节气，也是春季的最后一个节气。每年的4月20日前后是谷雨，此时太阳运行到黄经30度。

爷爷说，谷雨就是“雨生百谷”的意思，此时大自然的雨水增多，气温上也很少出现忽冷忽热的现象了，非常利于谷类作物的生长。

农事上讲，“谷雨麦怀胎”，这个时候空气湿润、雨量充沛，是播种移苗、种瓜点豆的最佳时节。

【关于三候】

古人将谷雨分为三候，一候为5天。

谷雨三候：“一候萍始生；二候鸣鸠拂其羽；三候戴降于桑。”

一候 · 萍始生

“萍”，是指水面上的水草植物浮萍，谷雨时节，水温升高，浮萍由于是刚开始生长，有些还较细小，等形成大面积或更坚固一些的时候，萍下水草中就成了鱼儿戏水的场所了。

二候 · 鸣鸠拂其羽

鸣鸠就是斑鸠鸟。春季万物生长都在旺盛期，斑鸠在树叶茂密的林间飞行或跳跃时，常因受到落叶枯枝或小飞虫等的碰撞而感到不舒服，在林间树枝上鸣叫并不停地用嘴梳理羽毛。

三候 · 戴降于桑

“戴”指的是戴胜鸟。戴胜鸟是捕捉昆虫的高手。谷雨时节桑树叶片又密又大，这里面可以隐藏很多的昆虫，这也正是戴胜鸟捕捉食物的最好场所。

【谷雨茶】

在我国江南地区，有谷雨尝新茶的习俗。

奶奶说，谷雨茶又叫“二春茶”，民间传说谷雨茶喝了会清火、辟邪、明目。地道的谷雨茶是谷雨这天采的鲜茶叶做成的干茶，往往用来招待贵客。

谷雨茶经过雨露的滋润，营养丰富，香气逼人，因此谷雨这天无论天气好坏，茶农们都会去采摘新茶。我和奶奶也觉得，谷雨茶的味道好极了。

春晓

【唐】孟浩然

春眠不觉晓，
处处闻啼鸟。
夜来风雨声，
花落知多少。

江南春

【唐】杜牧

千里莺啼绿映红，
水村山郭酒旗风。
南朝四百八十寺，
多少楼台烟雨中。

穀雨

立夏

蝼蝈鸣　蚯蚓出　王瓜生

【关于立夏】

立夏是24个节气中的第7个节气，预示着一年中最炎热的夏天即将来临。每年的5月6日前后是立夏，此时太阳运行到黄经45度。

爷爷说，立夏是一个反映季节变化的节令。“夏”是“大”的意思，到了此时，春天播种的植物都已经长大，所以称之为“立夏”。

在农事上，立夏时节气温显著升高，农作物生长旺盛，抗旱和防治病虫害是这一时期的主要任务。

立夏

三候

【关于三候】

古人将立夏分为三候，一候为5天。

立夏三候：“一候蝼蝈鸣；二候蚯蚓出；三候王瓜生。”

一候·蝼蝈鸣

蝼蝈也叫蛤蟆，是蛙的一种，不论在稻田，还是在树林中或较潮湿的土地上，或者在水塘中，随处可见它们的影子。立夏时节，青蛙的鸣叫格外响亮，蛙鼓此起彼伏。

二候·蚯蚓出

冬季，蚯蚓在土层中冬眠，到了立夏，地温升高了，地面水分增加，土壤潮湿、松动，蚯蚓柔软的身体可以在松软的土壤中活动了。一般蚯蚓从土壤钻出的时间是立夏节气的中间几天。

三候·王瓜生

王瓜也叫土瓜，立夏后几天，土瓜开始长大成熟了。由于王瓜是在农历四月就结了果，所以在农业不发达的古代，王瓜是初夏少有的美味水果。

【斗蛋】

立夏时节，我国许多地方流行吃“立夏蛋”，而斗蛋也成了此时孩子们最喜爱的游戏。

奶奶说，立夏斗蛋的习俗由来已久。这一时节，天气渐渐炎热，小孩子常会觉得身体疲劳、食欲消减，称之为“疰夏”。传说女娲曾告诉百姓，立夏这天胸前挂蛋，就可以避免“疰夏”。

今天，立夏吃蛋、斗蛋的习俗一直延续下来。小孩子将煮好的“立夏蛋”套进丝线编成的网套中，挂在胸前，三五成群一起斗蛋。大人希望孩子健康，小朋友则沉浸在斗蛋的无穷乐趣当中。

小池

【宋】杨万里

泉眼无声惜细流，
树阴照水爱晴柔。
小荷才露尖尖角，
早有蜻蜓立上头。

闲居初夏午睡起

【宋】杨万里

梅子留酸软齿牙，
芭蕉分绿与窗纱。
日长睡起无情思，
闲看儿童捉柳花。

小满

苦菜秀　靡草死　麦秋至

【关于小满】

小满是 24 个节气中的第 8 个节气，这个时节最适宜自然界的动植物生长。每年的 5 月 21 日前后是小满，此时太阳运行到黄经 60 度。

爷爷说，小满是反映物候的节令，“小”是指芒籽粒植物刚开始灌浆，“满”是指麦类夏熟作物籽粒饱满。

对于农事，小满是一个美好的节令，冬小麦历经秋播、冬灌、春长、夏熟，已经临近夏收了。然而，“麦怕四月风，风后一场空”，此时搞好田间管理十分重要，必须采取一些有效的防风措施。

【关于三候】

古人将小满分为三候，一候为 5 天。

小满三候：“一候苦菜秀；二候靡草死；三候麦秋至。”

一候 · 苦菜秀

“秀”指开花，这时节，田野里的苦菜花开了。苦菜的生命力极强，不论田间还是庄稼地，甚至是杂草丛中，都可见到苦菜。小满时，各种苦菜都要开花了。

二候 · 靡草死

靡草就是蔓草。在夏天经常可以看到有几根干枯的蔓，横在绿草枝旁，有的还缠绕在较粗的植物上，这就是初春生长很快但生命时间较短的蔓草，是一种野生的荒草。

三候 · 麦秋至

秋，是麦类作物成熟的意思，古人以谷物出生为“春”，成熟为“秋”，因此，小满时节，虽然时间还是夏季，但对于麦子来说，麦粒看起来已经饱满，但实际上并未真正成熟。

【油茶面】

小满前后，很多人都喜欢吃一种节令食品：油茶面。

奶奶说，这个习俗由来已久。小满过后，麦子逐渐成熟。农民伯伯最高兴的，就是将刚成熟的小麦收回家，磨成新面。而用这新面制作一碗香喷喷的油茶面，成了全家人的一件乐事。

今天，很多人仍喜欢在小满时节制作油茶面，炒制好后，还可以根据自己的口味加适量的白糖。对小朋友来说，油茶面虽然质朴无华，但香甜可口，别有一番美味。

四时田园杂兴

【宋】范成大

梅子金黄杏子肥，
麦花雪白菜花稀。
日长篱落无人过，
惟有蜻蜓蛱蝶飞。

饮湖上初晴后雨

【宋】苏轼

水光潋滟晴方好，
山色空蒙雨亦奇。
欲把西湖比西子，
淡妆浓抹总相宜。

小满
诗词

小满

芒种

螳螂生　鵙始鸣　反舌无声

【关于芒种】

芒种是24个节气中的第9个节气，表示仲夏时节的正式开始。每年的6月6日前后是芒种，此时太阳运行到黄经75度。

爷爷说，芒种字面的意思是“有芒的麦子快收，有芒的稻子可种”。这一时期，我国的长江中下游地区即将进入梅雨时节。

在农事上，“小满赶天，芒种赶刻”，芒种是农民一年中最忙碌的时节，时间是用分秒来计算的。此时经常会有恶劣天气，如果收割不及时，一场大风或暴雨就会让即将到来的丰收受到严重损失。

芒种三候

【关于三候】

古人将芒种分为三候，一候为5天。

芒种三候：“一候螳螂生；二候鹏始鸣；三候反舌无声。”

| 一候 · 螳螂生 |

螳螂主要捕食昆虫。它们长相奇特、头小肚大、前臂很长。到了收割麦子的时候，小螳螂才在田间地头出现，捕捉着适合自己胃口的昆虫。

| 二候 · 鹏始鸣 |

鸟平时很少鸣叫，个子也不大。平时人们不大注意它的行踪，到了芒种节气中期，鹏，也就是伯劳鸟就开始在林间鸣叫了，也许是到了求偶的时候，它们才会发出悦耳的叫声。

| 三候 · 反舌无声 |

这时节动物们也进入了旺盛的繁育期。鸟儿在成群结伴地飞舞，有的已到了生儿育女的阶段。窝中孵出的小鸟张着小嘴等待着食物的喂养，鸟儿口中衔着捕到的食物，自然就不能鸣叫了。

【端午节】

每年的农历五月初五是端午节，端午大多数情况在芒种前后。

奶奶说，端午节又称“端阳节”，是为了纪念战国时期楚国的爱国诗人屈原。据说屈原在五月初五投汨罗江殉国，当地百姓划船捞救，人们为了不让鱼、虾、蟹咬食屈原的身体，纷纷拿出饭团投入江中，这在后来逐渐演变成了“赛龙舟”和“包粽子”两个传统民俗。

端午节时划龙舟、吃粽子的习俗一直延续下来。龙舟装有各种样式的木雕龙头，划龙舟时人们还喜欢唱民歌、喊号子，而粽子则成了端午节最受欢迎的食物。

望庐山瀑布

【唐】李白

日照香炉生紫烟，
遥看瀑布挂前川。
飞流直下三千尺，
疑是银河落九天。

芒种后积雨骤冷三绝（节选）

【宋】范成大

梅霖倾泻九河翻，
百渎交流海面宽。
良苦吴农田下湿，
年年披絮插秧寒。

夏至

鹿角解　蜩始鸣　半夏生

【关于夏至】

夏至是24个节气中的第10个节气，它意味着炎热的夏季即将来到了。每年的6月21日前后是夏至，此时太阳运行到黄经90度。

爷爷说，这一天是北半球一年中白昼最长、夜晚最短的一天，从这天起太阳的光照时间就要一天比一天短了，民间还有“吃过夏至面，一天短一线”的说法。

农事方面，我国南方大部分地区雨量增加，农作物生长旺盛，杂草、病虫此时也很容易滋生蔓延，要注意田间的管理。

【关于三候】

古人将夏至分为三候，一候为5天。

夏至三候：“一候鹿角解；二候蜩始鸣；三候半夏生。”

| 一候·鹿角解 |

每年到了夏至时节，鹿角就自然脱落，就像植物的春生秋枯一样，老的鹿角长到一定的程度就自然脱落，从脱落的部位会再长出新的角。

| 二候·蜩始鸣 |

“蜩”指蝉，俗称“知了”，一种在树上活动的昆虫。夏秋之际，蝉儿振动着几乎透明的大翅膀，发出一阵阵清脆的声音，田间地头、房前屋后都可以听到非常响亮的蝉鸣声。

| 三候·半夏生 |

半夏是一种中草药植物，因为夏日之半在沼泽地或水田中生长，故而得名为半夏。半夏的地下块茎可入药，有良好的化痰止咳的功效。

【过水面】

民间有“冬至饺子夏至面”的说法，夏至吃一碗过水面是很多地方的重要习俗。

奶奶说，夏至吃面历史悠久，早在魏晋时期古人就有“伏日吃汤饼”的习俗，汤饼就是后来的面条，也就是面片汤的雏形。夏至过后就是三伏天，所以夏至面又叫“入伏面”。

今天，很多地区仍然保留着夏至吃面的习俗，如同我们在过生日的时候也吃面，为的是讨一个好彩头，而且夏至时新麦已经收割，在这个时节吃面也有尝新的意思。

所见

【清】袁枚

牧童骑黄牛，
歌声振林樾。
意欲捕鸣蝉，
忽然闭口立。

早发白帝城

【唐】李白

朝辞白帝彩云间，
千里江陵一日还。
两岸猿声啼不住，
轻舟已过万重山。

小暑

温风至　蟋蟀居壁　鹰始挚

【关于小暑】

小暑是24个节气中的第11个节气，意味着极其炎热的天气来临了。每年的7月7日前后是小暑，此时太阳运行到黄经105度。

爷爷说，小暑是一个反映气温变化的节令，“暑”是指炎热，“小”是指炎热的程度，小暑是说炎热的夏天到了，但还没有达到最热的时期。

在农事上，这一时节阳光充足，雨量充沛，农作物生长特别快，田间的杂草也随着狂长，因此农谚说：“小暑连大暑，锄草防涝莫踌躇。”农田此时忙于追肥、防虫害。

小暑

三候

【关于三候】

古人将小暑分为三候，一候为5天。

小暑三候："一候温风至；二候蟋蟀居壁；三候鹰始挚。"

| 一候·温风至 |

"温风"一词是古人以天气最热时的高温和小暑时的次高温相比较而产生的一种感觉。这时很多地区的天气已经很热了，预示着炎热的日子就要来了。

| 二候·蟋蟀居壁 |

蟋蟀也叫蛐蛐，是一种好斗的昆虫。天气越来越热，田野里的蟋蟀也忍受不了这酷暑的折磨，于是三三两两结伴而行，偷偷地躲到屋檐下乘凉。

| 三候·鹰始挚 |

"鹰"是一种猛禽，天气炎热，各种动物需要散热或到野外觅食，这样就给鹰提供了很多食物，于是常常可以见到雄鹰像箭一般冲向地面捕食的情景。

【养蝈蝈】

小暑节气期间，是蝈蝈等鸣虫最活跃的时候，不少鸣虫爱好者会在此时饲养蝈蝈。

奶奶说，蝈蝈在中国很多地方都有，它与蟋蟀、油葫芦并称为三大鸣虫。作为观赏、娱乐类的昆虫，蝈蝈在中国有着悠久的历史，比如在河北等一些地方，就有几百年编笼捕蝈蝈的历史。

今天，养蝈蝈在小暑时节仍然深受孩子们的欢迎，拿一只小竹笼将蝈蝈养起来，它的声音清脆洪亮，触角细长，既可把玩，又可观赏。

消暑

【唐】白居易

何以消烦暑，
端坐一院中。
眼前无长物，
窗下有清风。
散热由心静，
凉生为室空。
此时身自保，
难更与人同。

晓出净慈寺送林子方

【宋】杨万里

毕竟西湖六月中，
风光不与四时同。
接天莲叶无穷碧，
映日荷花别样红。

小暑

大暑

腐草化萤　土润溽暑　大雨时行

【关于大暑】

大暑是夏季的最后一个节气，这个时节天气最为酷热。每年的 7 月 23 日前后是大暑，此时太阳运行到黄经 120 度。

爷爷说，跟小暑一样，大暑是反映气温变化的节令。“暑”是指炎热，“大”是说炎热的程度。“大暑乃炎热之极也”，此时骄阳如烈火，大地上热气蒸腾，连下雨天都闷得令人喘不过气来。

农事方面，大暑时节既要预防洪涝灾害，同时也要做好抗旱保收的田间工作。

大暑

三候

【关于三候】

古人将大暑分为三候，一候为5天。

大暑三候：“一候腐草化萤；二候土润溽暑；三候大雨时行。”

| 一候·腐草化萤 |

“萤”就是萤火虫。大暑时节，由于气温偏高，雨水较多，一些细胞生长得快，有许多枯死的腐草就会腐化，夜晚常可以看到萤火虫在腐草败叶间飞来飞去，寻觅食物。

| 二候·土润溽暑 |

“溽”就是潮湿的意思。这时节，地表的植被遮盖着地皮，雨水渗入了地面，形成了松软而潮湿的土壤，非常适合作物生长。

| 三候·大雨时行 |

大暑潮热的天气极容易形成雨水。此时降雨量多，土壤下水能力下降，极易形成灾害，尤其是堤坝河道，是防汛抗洪的关键时期。

【斗蟋蟀】

大暑节气期间，是喜温农作物生长最快的时期，也是乡村田野蟋蟀最多的时候，因此不少地方有斗蟋蟀的习俗。

奶奶说，斗蟋蟀也称斗蛐蛐、斗促织，在我国唐代就已经出现了，宁津蟋蟀是历史上历代帝王斗蟋蟀的御用品种。

每到大暑时节，除了小孩子们喜欢斗蛐蛐，还有不少年长的蟋蟀迷们热衷这一活动。蟋蟀爱好者会专程奔赴山东等地寻找上等蟋蟀，许多人为了捉到体格健硕、骁勇善斗的蟋蟀，甚至会在田间通宵达旦呢。

大暑

【宋】曾几

赤日几时过，
清风无处寻。
经书聊枕籍，
瓜李漫浮沉。
兰若静复静，
茅茨深又深。
炎蒸乃如许，
那更惜分阴。

鹿柴

【唐】王维

空山不见人，
但闻人语响。
返景入深林，
复照青苔上。

大暑

立秋

凉风至　白露生　寒蝉鸣

【关于立秋】

立秋是 24 个节气中的第 13 个节气，它标志着秋季的开始。每年的 8 月 8 日前后是立秋，此时太阳运行到黄经 135 度。

爷爷说，立秋是一个反映季节变化的节令。“立”是开始，“秋”指季节。立秋意味着炎热的夏季渐渐过去，草木开始结果，收获的季节即将到来。

在农事上，这个时节各种农作物生长旺盛，对水分的需求非常迫切，农谚有“立秋雨淋淋，遍地是黄金”之说，因此要抓住时机追肥耕田，加强管理。

【关于三候】

古人将立秋分为三候，一候为 5 天。

立秋三候：“一候凉风至；二候白露生；三候寒蝉鸣。”

| 一候 · 凉风至 |

一年中最热的天是什么天？是三伏天。“秋后一伏晒死老牛”，意思是三伏的最后一伏就是在立秋之后。但在一早一晚时，人们已经能感觉到有明显的凉风徐来。

| 二候 · 白露生 |

这里的白露生和“白露”节气不是一回事。由于此时白天日照仍然非常强烈，夜晚的凉风形成了一定的昼夜温差，这样一来，空气中的水蒸气在清晨的时候，在室外物品或农作物上便凝结成一颗颗晶莹的露珠。

| 三候 · 寒蝉鸣 |

寒蝉是蝉的一种。由于这个时节温度适宜，蝉的食物充足，于是树枝上的寒蝉便随着微风有力地抖动翅膀，发出响亮的阵阵蝉鸣。

【七夕节】

每年农历的七月初七是七夕，七夕大部分情况在立秋之后不久。

奶奶说，七夕节民间也称“女儿节”，是我国女孩子乞巧的节日，它还有一个动人的传说。很久以前，天上的织女和人间的牛郎相爱了，王母娘娘十分生气，惩罚他们只能隔着一条天河遥遥相望。他们的爱情感动了喜鹊，七夕这一天，无数喜鹊飞来搭成一座彩桥，让两人见面，因此七夕成了牛郎织女相会的日子。

今天，很多年轻人会选择在这一天约会，希望能够获得美好的爱情。

【贴秋膘】

立秋节气期间，民间有“贴秋膘”的习俗。

奶奶说，这个习俗源自北方农村。由于以前生活水平比较低，经过夏季辛苦劳作，人们身体消耗很大，为了弥补身体的劳损，大家到了立秋时节就杀猪宰羊，做营养丰富的佳肴补补身体，也就是所谓的“贴秋膘”。

现在，人们的生活水平日益提高，但这个民俗还是保留了下来。即使是在城市里，这个时节也流行“贴秋膘”。

山居秋暝

【唐】王维

空山新雨后，
天气晚来秋。
明月松间照，
清泉石上流。
竹喧归浣女，
莲动下渔舟。
随意春芳歇，
王孙自可留。

秋夕

【唐】杜牧

银烛秋光冷画屏，
轻罗小扇扑流萤。
天阶夜色凉如水，
坐看牵牛织女星。

立秋

诗词

处暑

鹰乃祭鸟　天地始肃　禾乃登

【关于处暑】

处暑是24个节气中的第14个节气，它标志着炎热的夏季结束了。每年的8月23日前后是处暑，此时太阳运行到黄经150度。

爷爷说，处暑是反映气温变化的一个节气。“处”含有躲藏、终止的意思，处暑表示气温逐日下降，不再是暑气逼人的酷热天气。

在农事上，这个时节白天热，早晚凉，昼夜温差大，庄稼成熟快，正所谓“处暑禾田连夜变”，处暑时节到处洋溢着丰收的喜悦。

【关于三候】

古人将处暑分为三候，一候为5天。

处暑三候：“一候鹰乃祭鸟；二候天地始肃；三候禾乃登。”

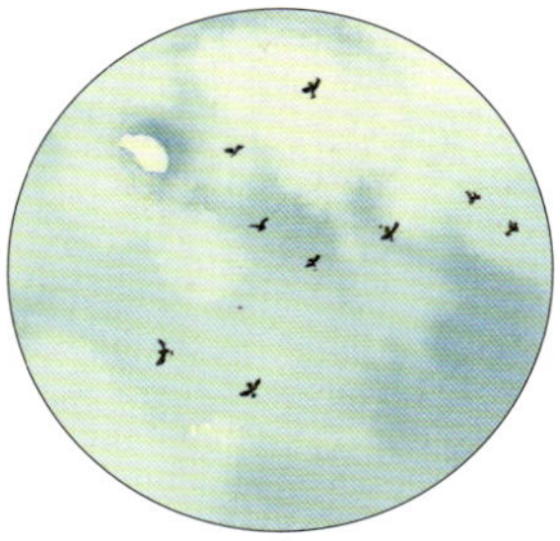

| 一候 · 鹰乃祭鸟 |

此时大地上可供鹰捕食的动物数量增多，容易发现和捕食到猎物，鹰就把猎物摆放在地上，好像人类的祭祀仪式一样。

| 二候 · 天地始肃 |

在处暑的中间阶段，由于气温渐渐开始下降，大地有了凉气，树木开始发黄，人们也能感受到自然的凉气。

| 三候 · 禾乃登 |

“禾”指庄稼，“登”是指人们收割后把庄稼入仓。处暑的后几天，农田中庄稼大面积成熟，此时应动员最大限度的力量将成熟的庄稼收割回来并加工以备冬季食用。

【中元节】

每年农历的七月十五是中元节，中元节大部分情况在处暑前后。

奶奶说，中元节俗称“七月半”，这一天有放河灯的习俗，是为了祭奠逝去的亲人。古时候人们驾舟下湖，以彩纸做灯笼，放入水中让它自然漂流，向神灵祈保平安。

今天，中元节已经成为祭祖的重要日子。当夜幕降临，人们将一盏盏河灯放到河水中，河灯顺水漂流，以此表达对逝去亲人的哀思和悼念。

秋词

【唐】刘禹锡

自古逢秋悲寂寥，
我言秋日胜春朝。
晴空一鹤排云上，
便引诗情到碧霄。

马诗

【唐】李贺

大漠沙如雪，
燕山月似钩。
何当金络脑，
快走踏清秋。

白露

鸿雁来　玄鸟归　群鸟养羞

【关于白露】

白露是24个节气中的第15个节气，这时候天气转凉，候鸟南飞避寒。每年的9月7日前后是白露，此时太阳运行到黄经165度。

爷爷说，白露是典型的秋天节气。古语道：“白露节气勿露身，早晚要叮咛。”就是在提醒人们此时白天虽然温和，但早晚天已经凉了，要注意防止着凉。

在农事上，这一时节高温酷暑已经远去，天高气爽，家家户户忙着秋收、秋种。白露既是收获的季节，也是播种的季节。

【关于三候】

古人将白露分为三候，一候为 5 天。

白露三候：“一候鸿雁来；二候玄鸟归；三候群鸟养羞。”

| 一候 · 鸿雁来 |

鸿雁就是大雁，是一种季节性候鸟。白露时节，北方的天气开始变冷，温度已不适合大雁的生存了，它们便成群结队在天空中排成一字或人字形，飞到南方越冬。

| 二候 · 玄鸟归 |

玄鸟就是燕子，平时住在人家的屋檐下，帮助人们捕捉害虫，很受喜爱。白露时节，庄稼收割了，气温降低了，燕子的食物也开始减少了，它们就开始飞往温暖的南方。

| 三候 · 群鸟养羞 |

羞，指鸟类的食物。秋天是收获的季节，此时的虫子长得肥胖，鸟儿自然也吃得肥胖了。鸟儿体内存储了一定的能量，身上的羽毛也要重新更换成厚厚的新羽准备过冬了。

【白露茶】

一提起白露，很多爱茶的人就会想到白露茶，它既不像春茶般娇嫩，也不像夏茶一样干涩味苦，而是独有一番甘醇清香。

奶奶说，白露节气期间，茶树经过夏季的酷热无比，此时进入了生长的最佳时期。在我国南方，民间有“春茶苦，夏茶涩，要好喝，秋白露”的说法，可见白露茶自古至今都非常受欢迎。

今天，白露茶仍然深受老茶客们的喜爱，也是招待客人的首选。白露茶不仅口感极好，据说还有不错的养生效果呢。

凉夜有怀

【唐】白居易

清风吹枕席，
白露湿衣裳。
好是相亲夜，
漏迟天气凉。

天净沙·秋思

【元】马致远

枯藤老树昏鸦，
小桥流水人家，
古道西风瘦马。
夕阳西下，
断肠人在天涯。

白露

秋分

雷始收声　蛰虫坯户　水始涸

【关于秋分】

秋分是24个节气中的第16个节气，这时候阳光几乎直射赤道，昼夜接近相等。每年的9月23日前后是秋分，此时太阳运行到黄经180度。

爷爷说，秋分节气是24个节气中比较特殊的。这一天不仅昼夜均分，而且秋分刚好是秋季90天的一半，它平分了整个秋季。

在农事上，由于秋季降温越来越快的缘故，秋收、秋耕、秋种的“三秋”大忙显得格外紧张。秋分棉花吐絮，烟叶也由绿变黄，正是收获的黄金时机。

【关于三候】

古人将秋分分为三候，一候为 5 天。

秋分三候："一候雷始收声；二候蛰虫坯户；三候水始涸。"

| 一候 · 雷始收声 |

秋分之后温度降低，水分蒸发减少，空气中湿度也降低了，没有雨水，干燥的空气很难形成雷电，雷声也就渐渐少了，这时很适合农作物的干燥脱粒及收藏。

| 二候 · 蛰虫坯户 |

"蛰虫"是指冬天藏在地下冬眠的虫子。到了秋分时节，田野中的粮食养得虫儿们身体肥壮，蛰虫抓紧时间修建自己的巢穴，它们必须在上冻之前建造好自己的居所，以备蛰伏越冬。

| 三候 · 水始涸 |

秋分节气最后的十几天，形成雨水的机会越来越小，天上不下雨，地面的存水会随着蒸发或慢慢地渗入地下，地面浅表有水潮湿的地方出现了干涸的情形，是秋季物候的一个重要标志。

【中秋节】

每年的农历八月十五，是我国传统的中秋佳节，这一节日一般在秋分前后。

奶奶说，中秋节又称“团圆节”，是中国非常重要的传统节日，也是一个合家团聚、喜庆丰收的日子。在民间，这一天还有“嫦娥奔月”的传说，圆圆的月亮里，仿佛有个晃动的身影，她就是嫦娥。

中秋节是我国非常受重视的节日，在外的游子纷纷回家。全家人聚在一起赏月亮、吃月饼、聊家常，不少地方还有赏桂花、饮桂花酒等习俗，是个格外美好圆满的日子。

望月怀远

【唐】张九龄

海上生明月，
天涯共此时。
情人怨遥夜，
竟夕起相思。
灭烛怜光满，
披衣觉露滋。
不堪盈手赠，
还寝梦佳期。

登高

【唐】杜甫

风急天高猿啸哀，
渚清沙白鸟飞回。
无边落木萧萧下，
不尽长江滚滚来。
万里悲秋常作客，
百年多病独登台。
艰难苦恨繁霜鬓，
潦倒新停浊酒杯。

秋分诗词

寒露

鸿雁来宾　雀入大水为蛤　菊有黄华

【关于寒露】

寒露是24个节气中的第17个节气，这一时节昼暖夜凉，晴空万里。每年的10月8日前后是寒露，此时太阳运行到黄经195度。

爷爷说，寒露是一个反映气候变化的节气，与白露相比，气温又下降了很多，地面的露水更多、更冷，而且有可能上冻，因此称为寒露。

在农事上，“寒露种小麦，种一碗，收一斗”，正是播种冬小麦的最后一段时间，这一时节农田进入了秋收、灌溉、播种的忙碌期。

【关于三候】

古人将寒露分为三候，一候为 5 天。

寒露三候："一候鸿雁来宾；二候雀入大水为蛤；三候菊有黄华。"

| 一候 · 鸿雁来宾 |

早在一个月前的白露时节，就开始有大雁南飞，但我国地域辽阔，大雁也会选择自己的迁徙时间，所以，时至寒露，天空中仍有由北向南迁徙越冬的雁群。

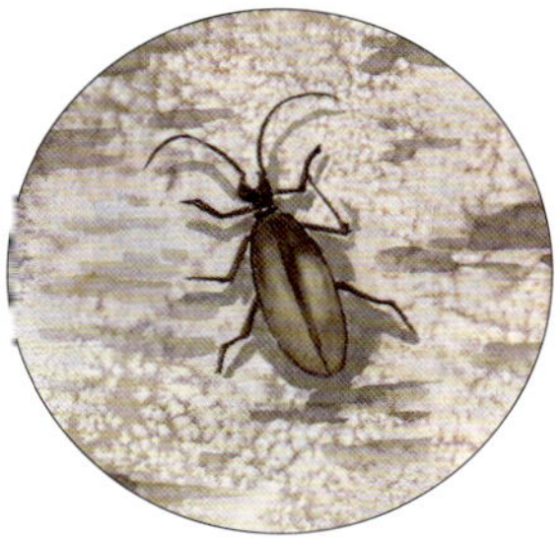

| 二候 · 雀入大水为蛤 |

由于气温下降，雨量锐减，江河到了一年中的枯水季节，深秋天寒，雀鸟飞行速度极快，钻入水中捕捉鱼类时，人们看见雀鸟入水处同时也有蛤蟆在活动。

| 三候 · 菊有黄华 |

古代所说菊花特指秋菊。到了寒露的最后几天，耐寒的秋菊盛开了，成为古今文人雅士赞美的植物。

【重阳节】

寒露时节前后有一个重要的节日，就是农历九月初九的重阳节，这一天，自古有登高的习俗。

奶奶说，关于重阳节登高还有一个传说。东汉时期，汝南县附近的汝河里有个瘟魔，只要他一出现，就有人病倒，一个叫桓景的小伙父母也因此丧命。于是桓景登山拜师，苦练降妖剑术，在九月初九这天，他带领乡亲用茱萸叶、菊花酒降服了瘟魔，从此后，大家又过上了幸福安康的日子。

重阳节登高的习俗被延续了下来。寒露时节秋高气爽，远眺秋色心旷神怡，既可以赏景，又能够强身健体。

静夜思

【唐】李白

床前明月光，
疑是地上霜。
举头望明月，
低头思故乡。

九月九日忆山东兄弟

【唐】王维

独在异乡为异客，
每逢佳节倍思亲。
遥知兄弟登高处，
遍插茱萸少一人。

霜降

豺乃祭兽　草木黄落　蛰虫咸俯

【关于霜降】

霜降是24个节气中的第18个节气，也是秋天的最后一个节气，意味着冬天即将开始。每年的10月23日前后是霜降，此时太阳运行到黄经210度。

爷爷说，霜降含有天气渐冷、开始降霜的意思，是秋季转向冬季的时节。

在农事上，这一时期北方大部分地区已进入秋收扫尾，“霜降不起葱，越长越要空”，即使耐寒的葱也不能再长了。这一时节我国大部分地区进入了旱季，要高度重视护林防火工作。

霜降

三候

【关于三候】

古人将霜降分为三候，一候为5天。

霜降三候：“一候豺乃祭兽；二候草木黄落；三候蛰虫咸俯。”

| 一候·豺乃祭兽 |

霜降时节食物丰足，这时小动物们活动频繁，而且数量也多，豺很容易就可以猎取到食物，于是它们就将捕到的动物放在田间地头，甚至拖入洞中存放起来。

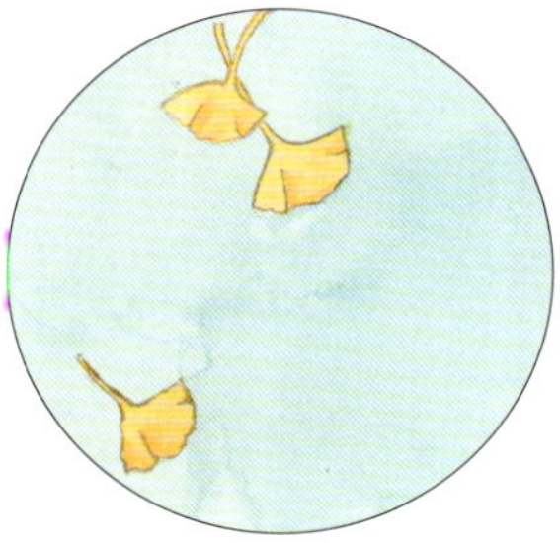

| 二候·草木黄落 |

这时在北方夜间的气温已经是在0°C以下，多数植物都停止了生长，叶面水分也蒸发掉了，草木变黄，树叶落下。

| 三候·蛰虫咸俯 |

“咸”是全部的意思。霜降来临，夜晚地面已经到了结霜的程度，虫子感到了寒冷，于是在大地还没有封冻之前，它们全部钻到了地下，把洞口封严，蜷缩成一团，保存体温，准备越冬了。

【赏菊】

霜降正是秋菊盛开的时节，很多地方都会举行菊花会，以表示对菊花的喜爱。

奶奶说，菊花会自古以来就有了。古时候，文人墨客一边赏菊，一边饮酒、赋诗、作画，十分热闹。过去富贵人家有时会举办一种小规模的菊花会，不用出家门，霜降前采集百盆珍品菊花，再摆上好酒好菜，家人按长幼为序，饮酒赏菊。

霜降时节我国许多地方都要举行菊花会，菊花的品种繁多，色彩缤纷，一家老少漫步在最后的秋色里，很是惬意。

枫桥夜泊

【唐】张继

月落乌啼霜满天，
江枫渔火对愁眠。
姑苏城外寒山寺，
夜半钟声到客船。

山行

【唐】杜牧

远上寒山石径斜，
白云生处有人家。
停车坐爱枫林晚，
霜叶红于二月花。

霜降

立冬

水始冰　地始冻　雉入大水为蜃

【关于立冬】

立冬是 24 个节气中的第 19 个节气，立冬后，将出现结冰现象。每年的 11 月 7 日前后是立冬，此时太阳运行到黄经 225 度。

爷爷说，立冬是一个反映季节变换的节令。“立”是指开始，“冬”是节令。立冬意味着天气转寒，农林作物进入越冬期。

在农事上，正是冬种的大好时节，“立冬种麦正当时”，在华北地区要抓紧播种冬小麦，做好农田管理，及时冬浇，防止冻害。

【关于三候】

古人将立冬分为三候，一候为5天。

立冬三候：“一候水始冰，二候地始冻，三候雉入大水为蜃。”

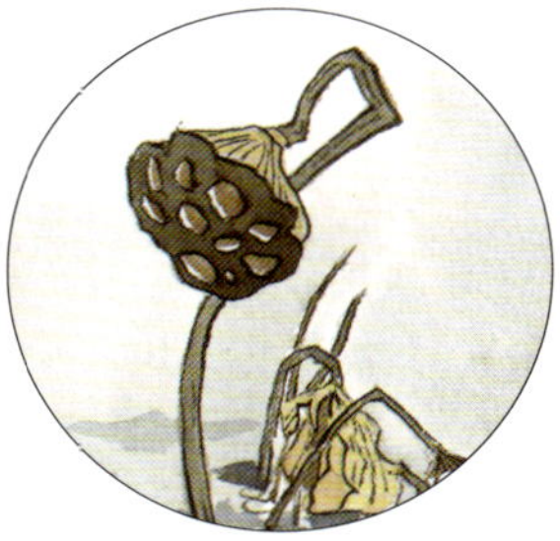

| 一候·水始冰 |

地面温度此时已经到了0°C以下，河道中水面较浅的地方可以看到冰凌了，虽然冰层非常薄，但这就是立冬节气最明显的标志。

| 二候·地始冻 |

进入立冬二候，此时随着河水表层冰面不断增厚，土地也已经开始上冻。人们走在田间时脚下不再是松软的泥土，而到处都是硬邦邦的感觉。

| 三候·雉入大水为蜃 |

“蜃”是一种耐寒的蛤蜊，“雉”是一种野鸡。立冬时节许多地方的河面开始结冰，在尚未结冰的地方，野鸡在寻找着食物，而同时也有一些蛤蜊在活动着。

【补冬】

立冬时，民间有补冬的习俗，人们认为只有进补才足够抵御严寒的侵袭。

奶奶说，这一习俗已经有上百年的历史。我国以农立国，劳动了一年的人们，这一天要改善生活，顺便犒赏一家人一年来的辛苦。

如今，全国各地都有补冬的习俗。这一天，北方人补冬，盛行吃饺子，因为立冬是秋冬之交，“交子之时”的饺子不能不吃。而南方人则以鸡鸭鱼肉作为立冬进补的食材。

古从军行（节选）

【唐】李颀

白日登山望烽火，
黄昏饮马傍交河。
行人刁斗风沙暗，
公主琵琶幽怨多。

立冬即事二首（其一）

【元】仇远

细雨生寒未有霜，
庭前木叶半青黄。
小春此去无多日，
何处梅花一绽香。

立冬

诗词

小雪

虹藏不见　天腾地降　闭塞成冬

【关于小雪】

小雪是24个节气中的第20个节气，这时候天气逐渐转冷，进入初雪阶段。每年的11月22日前后是小雪，此时太阳运行到黄经240度。

爷爷说，小雪是一个反映降水现象的节气。此时地上的露珠变成了严霜，天空中水滴会变成雪花，流水凝固成坚冰，整个大自然披上了一层洁白的素装。

在农事上，田地里农活不多，可修补农具，做好牲畜的防寒保暖工作，也可在天气暖和时耕地，为来年开春做准备。北方的果农要开始为果树修枝、包扎株秆，以防果树受冻。

小雪

三候

【关于三候】

古人将小雪分为三候，一候为5天。

小雪三候：“一候虹藏不见；二候天腾地降；三候闭塞成冬。”

| 一候·虹藏不见 |

由于气温下降，小雪时节北方开始下雪，而很少下雨了，没有雨，自然就没了彩虹，于是人们就讲，彩虹藏了起来，不见了。

| 二候·天腾地降 |

天腾说的是天气上升，而地降则指地气下降。空中的水分稀少，形成云朵的机会少了，天空看起来十分空旷。

| 三候·闭塞成冬 |

冬季太阳逐渐南移，天气变冷，溪流结冰，光照逐渐减少，世间的一切事物仿佛新陈代谢都缓慢了下来，人们也穿上了厚厚的棉衣。

【蔬菜入窖】

小雪前后，天气寒冷的北方，有用地窖贮藏蔬菜的习惯。

奶奶说，在我国北方，菜窖是非常普遍的“天然储藏室”。菜窖不需要供暖，整个冬天，不管地面有多冷，菜窖内的温度可以保持在 0~5 摄氏度之间。为了防止低温导致蔬菜被冻坏，人们会在菜窖内放上几缸水，这样一来，水结冰时释放出来的热量就足以维持窖内的温度了。

今天，每到小雪时节，北方许多地方仍有将白菜、土豆、红薯、萝卜、大葱等冬储菜存入地窖的习俗。

问刘十九

【唐】白居易

绿蚁新醅酒，
红泥小火炉。
晚来天欲雪，
能饮一杯无？

小雪

【唐】戴叔伦

花雪随风不厌看，
更多还肯失林峦。
愁人正在书窗下，
一片飞来一片寒。

小雪

大雪

鹖鴠不鸣　虎始交　荔挺出

【关于大雪】

大雪是24个节气中的第21个节气，它预示着我国北方地区进入了降大雪的季节。每年的12月7日前后是大雪，此时太阳运行到黄经255度。

爷爷说，大雪时节降雪量逐渐加大，气温不断下降，地上开始有了积雪。“大雪封河，小雪封山”。这时，水已经变成坚硬的冰，大地也已被封冻，天气非常寒冷，连最爱啼叫的寒号鸟都停止了鸣叫。

在农事上，根据冬小麦情况，注意施肥和防治病虫害，对畜禽圈舍采取加固、防寒、保温等措施。

【关于三候】

古人将大雪分为三候，一候为 5 天。

大雪三候："一候鹖鴠不鸣；二候虎始交；三候荔挺出。"

一候 · 鹖鴠不鸣

鹖鴠就是寒号鸟，天气寒冷，天上的鸟儿和地上的走兽都藏匿了起来。寒号鸟是最懒的，最喜欢啼叫，现在连它们都停止了鸣叫，可想天有多寒冷。

二候 · 虎始交

"交"就是交配。老虎是山中猛兽，每逢冬季冰天雪地之时，正是老虎发情的时节。冬天的山林没了树叶的遮挡，老虎更容易找到伴侣，也容易捕捉冬眠的小动物。

三候 · 荔挺出

"荔挺"是一种小草，大雪时节，万物凋零，荔挺却依旧生长在冰天雪地之中，是非常典型的一种自然物候现象。

【打雪仗、堆雪人】

大雪时节，降雪自然是少不了的，冰天雪地里观赏雪景之余，打雪仗、堆雪人更添热闹与情趣。

奶奶说，自古以来，中国人都有赏雪景的传统，打雪仗、堆雪人最受孩子们喜爱。想要尽情享受冰雪世界的乐趣，要戴上棉帽子和棉手套，注意防寒保暖。

至今，在我国北方地区，每当大雪纷飞的日子，打雪仗、堆雪人依旧是孩子们最喜欢的游戏之一。我国南方下雪较少，打雪仗对南方人来说更是难得的乐趣。

江雪

【唐】柳宗元

千山鸟飞绝，
万径人踪灭。
孤舟蓑笠翁，
独钓寒江雪。

逢雪宿芙蓉山主人

【唐】刘长卿

日暮苍山远，
天寒白屋贫。
柴门闻犬吠，
风雪夜归人。

冬至

蚯蚓结　麋角解　水泉动

【关于冬至】

冬至是 24 个节气的第 22 个节气，天文学上以这一天为北半球冬季的开始。每年的 12 月 22 日前后是冬至，此时太阳运行到黄经 270 度。

爷爷说：这一天是北半球一年中白天最短、夜间最长的一天。从这天起，光照时间就要一天比一天长了，民间还有“吃了冬至面，一天长一线”的说法。

在农事上，冬至前后是兴修水利、大搞农田基本建设、积肥造肥的大好时机。同时，还要继续做好防冻工作。

冬至

三候

【关于三候】

古人将冬至分为三候，一候为5天。

冬至三候："一候蚯蚓结；二候麋角解；三候水泉动。"

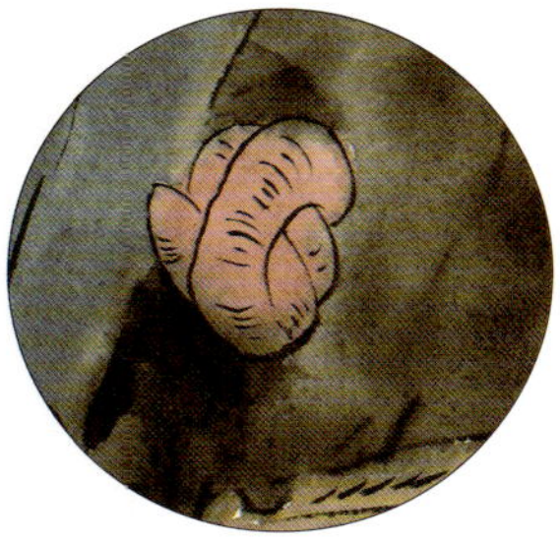

| 一候 · 蚯蚓结 |

蚯蚓属于软体动物，到了冬至时节，大地被冻住，土层被冻僵，蚯蚓体内含有许多水分，身体也随着大地被冻僵，仿佛绳子打了节一样。

| 二候 · 麋角解 |

"麋"是鹿的一种，头上长着漂亮的角，每年到冬至的时候，麋鹿的角便自然脱落，过一段时间又会长出新的角。

| 三候 · 水泉动 |

冬至时，寒气极盛，但从这天起，日照时间会逐渐加长，所以大地上已经有了阳气回升的迹象，可以看到地下的泉水或井水有热气向上冒起。

【冬至大如年】

我国自古就十分重视冬至，殷周时以冬至前一日为岁终，秦又以冬至为岁首，因此有“冬至大如年”的说法。

奶奶说，冬至的晚饭跟年夜饭一样，非常隆重，要全家人一块吃，很多地方饭桌上的菜也有特别的称呼，饺子叫“元宝”，黄豆芽叫“如意菜”，米饭里面放几粒黄豆就叫“黄金饭”，这样称呼有喜庆吉祥的寓意。

今天，大家仍然对冬至十分看重，北方地区有吃饺子的习俗，南方地区在这一天则有吃冬至米团、长线面的习惯。

观猎

【唐】王维

风劲角弓鸣，
将军猎渭城。
草枯鹰眼疾，
雪尽马蹄轻。
忽过新丰市，
还归细柳营。
回看射雕处，
千里暮云平。

邯郸冬至夜思家

【唐】白居易

邯郸驿里逢冬至，
抱膝灯前影伴身。
想得家中夜深坐，
还应说著远行人。

小寒

雁北乡　鹊始巢　雉始雊

【关于小寒】

小寒是24个节气中的第23个节气，我国开始进入最寒冷的时候。每年的1月5日前后是小寒，此时太阳运行到黄经285度。

爷爷说，小寒同大寒、小暑、大暑一样，都是表示气温冷暖变化的节气。小寒是一年中最冷的时候，所谓“三九天”一般就是在小寒之内。

在农事上，小寒期间，会出现低温雨雪冰冻天气，小麦、果树及牲畜容易冻伤，要及时采取防治措施，以避免损失。

【关于三候】

古人将小寒分为三候，一候为5天。

小寒三候："一候雁北乡；二候鹊始巢；三候雉始雊。"

| 一候 · 雁北乡 |

此时在南方过冬的大雁离家日久开始回乡。在七十二物候中，有四次跟大雁相关，是因为大雁行动有规律、个头还大，飞行时容易被人识别。

| 二候 · 鹊始巢 |

"鹊"是指喜鹊，经过干燥的冬天，喜鹊的巢穴会松动掉枝，感觉寒冷的喜鹊会衔来枝条加固巢穴，冬天的干树枝比较好找，是喜鹊做窝的好时机。

| 三候 · 雉始雊 |

"雉"是指野鸡。野鸡擅长在灌木丛中奔走寻找虫子和果实，而冬季食物短缺，夜晚漫长，野鸡在冰天雪地中不时发出鸣叫声。

【煮腊八粥，泡腊八蒜】

农历腊月初八这天，人们有吃腊八粥的习惯，在很多地方，还有用醋泡蒜的习俗。

奶奶说，明朝皇帝朱元璋小时候放牛回来，又冷又饿，在墙角发现了老鼠洞，意外地从洞里掏出了七八种杂粮，他熬成粥饱餐了一顿，而那天正好是腊月初八。后来他当了皇帝，就下令每年的今天都要喝腊八粥，以庆祝丰收。

如今，腊八粥已成为色味俱佳的节令美食，在一些地方，腊八粥还发展成了风味小吃。

别董大

【唐】高适

千里黄云白日曛，
北风吹雁雪纷纷。
莫愁前路无知己，
天下谁人不识君。

寒夜

【宋】杜耒

寒夜客来茶当酒，
竹炉汤沸火初红。
寻常一样窗前月，
才有梅花便不同。

大寒

鸡始乳　征鸟厉疾　水泽腹坚

【关于大雪】

大寒是 24 个节气中的最后一个节气，这时候地面热量已落至最低点，气温很低。每年的 1 月 20 日前后是大寒，此时太阳运行到黄经 300 度。

爷爷说，大寒也是表示气温冷暖变化的节气。这时候，各地降水量最少，气温一般比小寒时有所回升，但在有的年份，全年最低气温仍会在大寒节气内出现。

在农事上，大寒节气里，要积肥堆肥，加强牲畜的防寒防冻。大寒的雪最受庄稼人欢迎，“腊月大雪半尺厚，麦子还嫌被不够”，寒冷会把许多病菌、害虫冻死，使得来年庄稼更好。

【关于三候】

古人将大寒分为三候，一候为5天。

大寒三候：“一候鸡始乳；二候征鸟厉疾；三候水泽腹坚。”

｜一候·鸡始乳｜

在自然界中，母鸡孵化小鸡每年一次，这个时间就是大寒的初候开始。

｜二候·征鸟厉疾｜

征鸟是指飞行能力强而且凶猛的飞鸟。大寒时天气寒冷，树枝干枯，野外觅食的小动物很容易被空中的猛禽发现并捕食。

｜三候·水泽腹坚｜

“三九四九，冻破石头”。此时的湖泊水面结冰厚度已经达到了全年最厚的程度，冰面非常坚硬。

【过小年】

小年是我国民间传统节日，在北方地区是腊月二十三，在南方地区是腊月二十四。

祭拜灶王爷一般是在腊月二十三。奶奶说，祭灶习俗，先秦时就有了，它寄托着人们对美满生活的向往，祈求神明保佑全家吉祥如意，岁岁平安。

现在，从小年到大年，家家户户也都忙着扫房子、剪窗花、写春联、贴福字、办年货，喜庆热闹不减从前。

梅花

【宋】王安石

墙角数枝梅，
凌寒独自开。
遥知不是雪，
为有暗香来。

大寒（节选）

【宋】陆游

大寒雪未消，
闭户不能出。
可怜切云冠，
局此容膝室。

大寒

诗词

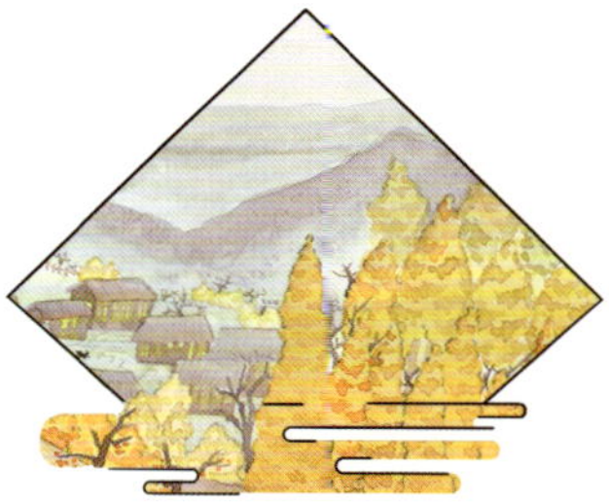